Angelika Kipp

HERBST

Fensterbilder aus Tonkarton

Frech-Verlag Stuttgart

Fotos: Frech-Verlag GmbH + Co. Druck KG, D-70499 Stuttgart, Birgit Oberschachtsiek
Zeichnungen: Berthold Kipp

Auflage: 6. 5. 4. 3. 2. 1. | Letzte Zahlen
Jahr: 1997 96 95 94 93 | maßgebend

ISBN 3-7724-1714-0 · Best.-Nr. 1714
Druck: Frech-Verlag GmbH + Co. Druck KG, D-70499 Stuttgart

Langsam werden die Tage wieder kürzer, in das Grün der Natur mischen sich die ersten Brauntöne, bis die Wälder in Gelb, Orange und Rot entflammen – es wird Herbst!

Und natürlich bereitet sich auch die Tierwelt auf diese Jahreszeit vor: Der Winterspeck wird angefuttert, die Zugvögel packen ihre Koffer, der faule Rabe sucht eine Transportalternative, und die Sommerbehausung wird für die nächsten Monate geschlossen. Zum Glück zeigt sich die Natur in dieser Zeit von ihrer spendabelsten Seite. Gemüse, Obst und Getreide gibt's in Hülle und Fülle, so können sich der Hamster, das Eichhörnchen, der Igel und das Mäuschen noch einmal gut eindecken!

Und wie sieht's mit Ihnen aus? Sind Sie für die Herbstzeit mit fröhlichen Fensterbildern eingedeckt? Na, dann wird's aber Zeit!

Viel Spaß beim Basteln

Angelika Kipp

Arbeitsmaterial

Tonkarton, in verschiedenen Farben erhältlich
Schwarzer und roter Filzstift (dünne Strichstärke)
Bleistift, heller Buntstift
Bleistiftspitzer
Weicher Radiergummi
Transparent-, Butterbrotpapier
Schere
Lineal
Bastelmesser
Unterlage
Klebstoff
Faden zum Aufhängen (evtl. Nylon)
Nähnadel

Tips für das Basteln

Tonkarton

Für diese Herbst-Fensterbilder sollten Sie Tonkarton verwenden, damit die Bilder die nötige Stabilität erhalten.

Übertragen des Motivs

Haben Sie sich für ein Motiv entschieden, legen Sie ein Stück Transparent- oder Butterbrotpapier auf den Vorlagenbogen. Befestigen Sie es mit einem kleinen Klebestreifen, damit es nicht verrutscht.
Zeichnen Sie alle Linien mit einem weichen, aber spitzen Bleistift nach. Anschließend wenden Sie das Transparentpapier und legen es auf den Tonkarton. Mit einem spitzen Bleistift ziehen Sie die gewünschten Linien nochmals kräftig nach. Bei diesem Arbeitsgang drückt sich der zuerst gezeichnete Bleistiftstrich auf den Karton.
Die Vorlagen können Sie nun mühelos ausschneiden; evtl. vorhandene Bleistiftstriche entfernen Sie mit einem weichen Radiergummi.
Bei dieser Technik ist es auch möglich, diejenigen Stellen auf dem Tonkarton zu markieren, an denen Sie später Teile ankleben oder bemalen möchten.
Wollen Sie ein Motiv auf einen dunklen Tonkarton übertragen, verwenden Sie statt des Bleistifts einen hellen Buntstift.

Ausschneiden eines Motivs

Schneiden Sie die einzelnen Formen am besten mit einer scharfen Bastelschere oder einem Bastelmesser aus. Achten Sie dann auf eine feste Schneideunterlage, z.B. aus Glas, Holz oder Keramik.
Bei Teilen, die doppelt benötigt werden, legen Sie zwei Bogen Tonkarton übereinander und schneiden sie in einem Arbeitsgang aus. Dann passen die einzelnen Teile beim Aufeinanderkleben exakt zusammen.

Klebstoff

Bevor Sie die Teile zusammenkleben, legen Sie sie passend aufeinander; so haben Sie die Möglichkeit, die Umrisse der zu klebenden Teile mit einem Bleistift zu kennzeichnen. Damit kein unnötiger Schmierfleck durch den Klebstoff entsteht, tragen Sie ihn einige Millimeter vom markierten Rand entfernt auf.
Da manche Klebstoffe den Tonkarton wellen, sollten Sie Ihren Kleber zuvor an einem Probestück testen.

Genaues Zuordnen der einzelnen Teile und deckungsgleiches Kleben

Haben Sie ein Motiv vollständig auf das Transparentpapier übertragen, können Sie später die ausgeschnittenen Teile mühelos zuordnen und lose aufeinanderlegen. Die Klebestellen markieren Sie mit einem Bleistift. Kleben Sie immer zuerst die Vorderseite eines Werkes fertig, bevor Sie die Rückseite absolut deckungsgleich arbeiten. Die Teile der Rückseite werden spiegelverkehrt aufgesetzt. Hierbei stellt das Transparentpapier eine große Hilfe dar: Wenden Sie das Papier, und schon erscheint das Motiv von der Rückseite.

Aufhängung

Es gibt verschiedene Möglichkeiten, ein Fensterbild aufzuhängen. Sie können sich zwischen dem altbewährten Faden, einem Klebeband oder doppelseitigen Klebeblättchen, die im Handel angeboten werden, entscheiden.
Wenn Sie mit einem Faden arbeiten wollen, balancieren Sie das Motiv zwischen Daumen und Zeigefinger aus, bis Sie die richtige Stelle gefunden haben. Mit einer Nadel stechen Sie dann einige Millimeter vom Rand entfernt in das Motiv und ziehen nun den Faden durch. Je größer das Motiv, um so besser ist eine Aufhängung an zwei Fäden.

Vorräte für den Winter

Abbildung auf Seite 6

Das Eichhorn legt den Vorrat an,
damit's im Winter naschen kann.

Material

Mittel- und hellbrauner, orangefarbener, roter, grüner, weißer und schwarzer Tonkarton
Bleistift, Schere, Klebstoff, schwarzer Filzstift

Anzahl der Teile

Mittelbraun: Eichhörnchenkörper und Arm je 2 x
Rot: Mund, Schalteile und Hagebutten je 2 x
Weiß: Auge 2 x
Hellbraun: Nuß 2 x
Orange: Eichel 2 x
Grün: Eichelhut 2 x, Wiese 1 x
Schwarz: Stengel 2 x

Bastelanleitung

Schneiden Sie alle auf Tonkarton übertragenen Teile aus.
Zeichnen Sie mit dem Filzstift die schwarz markierten und die gepunkteten Linien (s. Vorlagenbogen) auf.
Kleben Sie folgende Teile nacheinander auf den Körper: den Mund, das Auge, die Schalteile, die Nuß, die zusammengesetzte Eichel, den Arm.
Plazieren Sie das Eichhörnchen auf der Wiese, und legen Sie die Hagebutten dazu.
Die Rückseite arbeiten Sie deckungsgleich.

Nun kann der Winter kommen

Der Igel schläft schon tief und fest,
vom Essen liegt hier noch ein Rest.

Material

Hell- und dunkelbrauner, roter, schwarzer, grauer, hell- und dunkelgelber, hell- und mittelgrüner Tonkarton
Bleistift, Schere, Klebstoff,
schwarzer Filzstift

Anzahl der Teile

Hellbraun: Igelkörper 2 x
Dunkelbraun: Stacheln und Pfote je 2x
Hellgelb: Mittelstück der abgebissenen Birnen je 2 x
Dunkelgelb: Birnen und Teile der angebissenen Birnen je 2 x
Schwarz: Stiel und Blüte der Birne je 2 x
Hellgrün: Blatt je 2 x
Mittelgrün: Untergrund 1 x
Grau: Stein 2 x, Rot: Mund 2 x

Bastelanleitung

Schneiden Sie alle auf Tonkarton übertragenen Teile aus, ergänzen Sie sie mit dem schwarzen Filzstift.
Fixieren Sie die Stacheln, den Mund und die Pfote auf dem Igelkörper.
Kleben Sie die Birnenteile zusammen.
Befestigen Sie nacheinander den Stein, den Igel und die Birnen bzw. Birnenreste auf dem Untergrund.
Arbeiten Sie die Rückseite deckungsgleich.

Baumpflanzaktion

> Ein Baum gehört
> zum Hundeleben,
> dort kann man auch
> das Beinchen heben.

Material

Hell-, mittel- und dunkelbrauner, gelber, roter, weißer und grüner Tonkarton
Bleistift, Schere, Klebstoff, schwarzer Filzstift

Anzahl der Teile
(für einen Hund)

Hellbraun: Baum 2 x
Mittelbraun: Fußpaar und Arm je 2 x, Kopf 1 x
Dunkelbraun: Ohr, Wurzelballen je 2 x
Weiß: Auge 2 x
Rot: Schalteile, Mund und Tasche je 2 x, Blatt 6 x
Gelb: Hosenteile je 2 x, Blatt 8 x bzw. 6 x
Grün: Wiese 1 x, Blatt 4 x

Bastelanleitung

Schneiden Sie alle auf Tonkarton übertragenen Teile aus.
Zeichnen Sie mit dem Filzstift die Nase, das Auge und alle gepunkteten Linien (s. Vorlagenbogen) auf.
Kleben Sie die Hosenteile zusammen, und setzen Sie die Füße und den Kopf darunter.
Befestigen Sie folgende Teile nacheinander: die Schalteile, das Auge, den Mund, das Ohr, die Tasche, den Baum mit Ballen (Hund in der Abbildung rechts), den Arm.
Beim Hund, der den Baum pflanzt, kleben Sie das braune Erdreich mit dem Baum auf die Wiese.
Plazieren Sie dann die Hunde, und fixieren Sie die Blätter. Um dem Baum links im Bild die nötige Stabilität zu geben, wird ein Blatt mit dem Kopf verbunden.
Die Rückseite arbeiten Sie deckungsgleich.

Schutz unterm Blätterdach

Ein Blätterdach, das ist ein Segen
bei Hagel, Donner, Blitz und Regen.

Material

Hellbrauner, mittel- und rostbrauner, blauer, grüner, hellgrauer, gelber, roter und weißer Tonkarton

Anzahl der Teile

Hellbraun: Blatt 2 x
Mittelbraun: Blattrand 2 x
Rostbraun: Teile der Äste je 2 x
Blau: Tropfen 12 x
Hellgrau: Kopf und Pfotenpaar je 2 x
Gelb: Hut und Mantel je 2 x
Rot: Schuhpaar 2 x
Weiß: Auge
Grün: Wiese 1 x

Bastelanleitung

Schneiden Sie alle auf Tonkarton übertragenen Teile aus, ergänzen Sie die schwarzen Zeichnungen.
Kleben Sie die unteren Astteile unter das Blatt.
Befestigen Sie nacheinander die Äste, den Blattrand und die Tropfen auf dem Blatt, und plazieren Sie das Dach auf dem Grün.
Fixieren Sie das Schnäuzchen, das Auge und den Hut auf dem Köpfchen.
Kleben Sie die Pfoten unter den Mantel, die Schuhe und den Kopf darauf.
Setzen Sie die Maus unter das Blätterdach.
Die Rückseite arbeiten Sie deckungsgleich.

Tramp in den Süden

Mit Geduld und etwas Glück
geht's ohne Flügelschlag zurück.

Material

Schwarzer, roter, gelber, weißer, hellbrauner, hellgrauer und grüner Tonkarton
Bleistift, heller Buntstift, Schere, Klebstoff, schwarzer Filzstift

Anzahl der Teile

Schwarz: Rabe, Flügel und Koffergriffe je 2 x
Gelb: Schnabel, Fußpaar, Schild, Sonne und Blüte je 2 x, Strahlen 16 x
Rot: Schalteile, Blume und Koffer je 2 x
Weiß: Augenpaar 2 x
Hellgrau: Steine je 2 x
Hellbraun: Pfosten je 2 x
Grün: Wiese 1 x

Bastelanleitung

Schneiden Sie alle auf Tonkarton übertragenen Teile aus; ergänzen Sie die schwarzen Zeichnungen.
Kleben Sie das Fußpaar unter den Rabenkörper.
Befestigen Sie folgende Teile auf dem Körper: den Flügel, die Schalteile, das Augenpaar und den Schnabel.
Fixieren Sie den Griff und die Sonne auf dem Koffer.
Kleben Sie den Pfosten samt Schild, die Steine, die Blüte, den Koffer und den Raben nacheinander auf.
Arbeiten Sie die Rückseite deckungsgleich.

Süden

Renovierungsbedürftig

> Die Wohnung fiel vom Baum herunter,
> drum renovieren wir jetzt munter.

Material

Roter, hell- und dunkelgelber, grüner, schwarzer, dunkel- und hellbrauner Tonkarton
Bleistift, Schere, Klebstoff, schwarzer Filzstift

Anzahl der Teile

Rot: Apfel und Mund je 2 x,
Enden der Fühler 4 x
Hellgelb: Apfelstück 1 x
Gelb: Raupe 2 x
Grün: Blatt und Fensterladen je 2 x
Dunkelbraun: Bein 12 x
Hellbraun: Latten je 2 x
Schwarz: Stiel 2 x, Blüte 1 x

Bastelanleitung

Schneiden Sie alle auf Tonkarton übertragenen Teile aus.
Zeichnen Sie mit dem Filzstift die schwarz markierten und die gepunkteten Linien (s. Vorlagenbogen) auf.
Kleben Sie das hellgelbe Apfelstück und die Blüte unter den roten Apfel.
Befestigen Sie folgende Teile nacheinander auf dem Apfel: die Latten, den Stiel, das Blatt (den Bauch der Raupe müssen Sie unter den Fensterladen kleben), den Mund, das Fühlerpaar und die Beine.
Arbeiten Sie die Rückseite deckungsgleich.

Gemeinsames Frühstück

> Die Raupen werden
> immer kesser,
> gemeinsam schmeckt
> das Frühstück besser.

Material

Gelber, roter, grüner, blauer, weißer und schwarzer Tonkarton
Bleistift, Schere, Klebstoff, schwarzer Filzstift

Anzahl der Teile

Gelb: Raupe 4 x
Rot: Fuß 24 x, Fühlerteil 8 x, Mund 4 x
Weiß: Augenpaar 4 x
Blau: Pflaume je 2 x
Grün: Birne 2 x, Haar 36 x, Blatt 2 x
Schwarz: Pflaumenstiel 4 x,
Birnenstiel 1 x

Bastelanleitung

Schneiden Sie alle auf Tonkarton übertragenen Teile aus; ergänzen Sie die schwarzen Zeichnungen.
Kleben Sie die Augenpaare, den Mund, die Fühlerteile und die Beine auf den Körper.
Fixieren Sie die Haare unter dem Körper.
Befestigen Sie das fertige Obst unter den Füßen.
Arbeiten Sie die Rückseite deckungsgleich.

Ich geh mit meiner Laterne

> Der Martinszug uns gut gefällt,
> da wird der ganze Wald erhellt.

Material

Hell- und dunkelbrauner, roter, gelber, weißer, schwarzer und dunkelgrauer Tonkarton
Bleistift, Schere, Klebstoff, schwarzer Filzstift

Anzahl der Teile

Igelmann
Hellbraun: Igelgesicht, Pfote und Beinpaar je 2 x
Dunkelbraun: Stacheln 2 x
Rot: Mund, Kappen- und Halstuchteile, Hosen- und Laternenteile je 2 x
Gelb: Holzschuhpaar, Laterne und Hemdteil je 2 x
Weiß: Auge 2 x
Schwarz: Laternenstock mit Halterung je 2 x
Dunkelgrau: Boden 1 x

Igelfrau
Hellbraun: Gesicht 1 x, Pfote und Beinpaar je 2 x
Dunkelbraun: Stacheln 2 x
Rot: Kopftuchteile, Schürze, Schleife, Holzschuhpaar, Mund und Teile der Laterne je 2 x
Gelb: Kleidteile und Mond je 2 x
Weiß: Augen je 2 x
Schwarz: Laternenstock mit Halterung je 2 x
Dunkelgrau: Boden 1 x

Bastelanleitung

Schneiden Sie alle auf Tonkarton übertragenen Teile aus.
Zeichnen Sie mit dem Filzstift die Augen und die gepunkteten Linien (s. Vorlagenbogen) auf.

Igelmann

Kleben Sie zunächst das Auge, den Mund, die Stacheln und die Mützenteile auf den Kopf.

Befestigen Sie nacheinander auf dem gelben Hemd: den Laternenstock mit der Laterne, den Ärmel mit der untergeklebten Pfote, die Halstuchteile und den Kopf.

Fixieren Sie die Beine mit den Holzschuhen unter den zusammengesetzten Hosenteilen.

Befestigen Sie die Hose unter dem Hemd, und stellen Sie den Igel auf den grauen Untergrund.

Arbeiten Sie die Rückseite deckungsgleich.

Igelfrau

Kleben Sie zunächst das Auge, den Mund, die Stacheln und die Kopftuchteile auf den Kopf.

Befestigen Sie nacheinander auf dem gelben Kleid: die Schürzenteile, den Laternenstock mit der Laterne, den Ärmel mit der untergesetzten Pfote und den Kopf.

Fixieren Sie die Beine mit den Holzschuhen unter dem Kleid, und stellen Sie die Igelfrau auf den grauen Untergrund.

Die Rückseite arbeiten Sie deckungsgleich.

Bis zum nächsten Frühjahr

Die Sommerwohnung war famos,
doch leider müssen wir jetzt los.

Material

Hell- und dunkelbrauner, roter, gelber, grüner, blauer, weißer und schwarzer Tonkarton
Bleistift, Schere, Klebstoff, schwarzer Filzstift, Lineal

Anzahl der Teile

Vogelhaus
Hellbraun: Unterbau 1 x
Dunkelbraun: Dach und Latten je 2 x
Grün: Fensterladen 2 x
Gelb: Stange 2 x

Vögel
Rot: Vogelkörper und Flügel je 2 x
Gelb: Rucksackteile und Schnabel je 2 x, Fuß (falls benötigt) 2 x
Blau: Rucksack je 2 x
Schwarz: Schnalle je 2 x
Weiß: Auge je 2 x

Bastelanleitung

Schneiden Sie alle auf Tonkarton übertragenen Teile aus.
Zeichnen Sie die schwarz markierten Stellen sowie die gepunkteten Linien (s. Vorlagenbogen) mit dem schwarzen Filzstift auf.

Vogelhaus
Kleben Sie das Dach, die Fensterläden, die Latten und den Stab auf den Vogelbau.

Vögel
Fixieren Sie die Rucksackteile auf dem Vogel.
Befestigen Sie das Auge, den Schnabel und den Flügel auf dem Vogelkörper.
Plazieren Sie die Vögel am bzw. auf dem Vogelhaus.
Die Rückseite arbeiten Sie deckungsgleich.

Vegetarier

Die Gänsejagd ging heut' daneben,
drum muß er jetzt von Pilzen leben!

Material

Hell- und dunkelbrauner, zimtfarbener, schwarzer, roter, gelber, weißer und grüner Tonkarton

Anzahl der Teile

Zimtfarben: Fuchs 1 x, Pfotenpaar 2 x, Blatt je 2 x
Rot: Latz und Zunge je 2 x
Weiß: Auge 2 x
Schwarz: Gabel 2 x
Dunkelbraun: Baumwurzel 2 x, Pilzkopf 6 x
Hellbraun: Schnittfläche des Baumes 2 x, Pilzstengel 6 x
Gelb: Tischdecke 2 x
Grün: Wiese 1 x

Bastelanleitung

Schneiden Sie alle auf Tonkarton übertragenen Teile aus.
Zeichnen Sie mit dem Filzstift die schwarz markierten Stellen sowie die gepunkteten Linien (s. Vorlagenbogen) auf.
Kleben Sie folgende Teile nacheinander auf den Fuchskörper: die Zunge, das Auge, den Latz, die Gabel mit dem Pilz und die Pfoten.
Fixieren Sie den Fuchs auf der Wiese.
Befestigen Sie folgende Teile auf dem Baumstamm: die Schnittfläche, die Decke, die Pilze.
Positionieren Sie die Baumwurzel vor dem Fuchs, und kleben Sie die Herbstblätter auf.
Die Rückseite arbeiten Sie deckungsgleich.

Große Sammelaktion

Wenn man genügend Vorrat hat, dann wird man auch im Winter satt.

Material

Hellgrauer, gelber, roter, weißer, hell- und dunkelbrauner und grüner Tonkarton

Anzahl der Teile

Hellgrau: Kopf, Fußpaar, Arm und Schwanz je 2 x, Ohr 3 x
Gelb: Anzugteile und Raupe je 2 x
Weiß: Auge 2 x
Rot: Mund, Tasche, Flicken und Fühlerpaar je 2 x, Fuß der Raupe 10 x
Hellbraun: Sack und Nußteile je 2 x
Dunkelbraun: Nuß je 2 x
Grün: Wiese 1 x

Bastelanleitung

Schneiden Sie alle auf Tonkarton übertragenen Teile aus.
Zeichnen Sie die schwarz markierten Stellen sowie die gepunkteten Linien (s. Vorlagenbogen) mit dem Filzstift auf.
Fügen Sie die Hosenteile zusammen, und kleben Sie das Fußpaar und den Schwanz darunter.
Befestigen Sie nun folgende Teile nacheinander auf dem Anzug: den Sack mit dem Flicken, den Arm, die Tasche und den fertiggestellten Kopf.
Fixieren Sie den Raupenkörper unter dem Schwanz.
Kleben Sie die Fühler und Füße der Raupe auf, und stellen Sie die Maus auf die Wiese.
Arbeiten Sie die Rückseite deckungsgleich.

Reiseproviant

> Eine Reise, die ist schwer,
> da muß genügend Vorrat her.

Material

Schwarzer, gelber, weißer, roter, grüner, hell- und mittelbrauner Tonkarton
Heller Buntstift, Bleistift, Schere, Klebstoff, schwarzer Filzstift

Anzahl der Teile

Schwarz: Vogelkörper groß und klein je 1 x, Flügel groß und klein je 2 x
Gelb: Schnabel groß und klein je 2 x, Maiskolben 1 x
Weiß: Auge je 2 x
Rot: Apfel (Vogel) 2 x, Apfel (Korb) 1 x
Grün: Blätter je 2 x
Hellbraun: Korb und Korbrand je 2 x, Griff 1 x
Mittelbraun: Apfelstiel je 2 x

Bastelanleitung

Schneiden Sie alle auf Tonkarton übertragenen Teile aus.
Zeichnen Sie die schwarz markierten Stellen sowie die gepunkteten Linien (s. Vorlagenbogen) mit dem Filzstift auf.
Auf Seite 4 finden Sie einen Hinweis, wie Sie den Maiskolben auf der Vorder- und Rückseite deckungsgleich bemalen können.
Basteln Sie zunächst die Vögel und dann das Körbchen komplett fertig, bevor Sie beide Teile verbinden.

Vögel
Fixieren Sie die Augen und die Schnäbel an den Körpern.
Kleben Sie nacheinander folgende Teile auf die Vorderseite des großen Vogelkörpers: den kleinen Vogelkörper, den großen Flügel, den zusammengesetzten Apfel, den kleinen Flügel.
Die Rückseite arbeiten Sie deckungsgleich.

Obstkorb-Vorderseite
Befestigen Sie zunächst den Korbrand an dem Korb.
Kleben Sie folgende Teile nacheinander hinter den Korb: die beiden äußeren Blätter des Maiskolbens, den Maiskolben und den Griff.
Den zusammengesetzten Apfel schieben Sie zwischen den Griff.
Das mittlere Maiskolbenblatt plazieren Sie auf dem Korb.

Obstkorb-Rückseite
Kleben Sie beim Apfel das Blatt und den Stiel auf, dann folgen der Korb samt Rand und das mittlere Maiskolbenblatt.
Befestigen Sie nun den Korb am Schnabel.

Getreideernte

> Mit der Sense schnell voran,
> damit man Körner hamstern kann.

Material

Brauner, weißer, roter, schwarzer, dunkelgrauer, gelber und grüner Tonkarton
Bleistift, Schere, Klebstoff, schwarzer Filzstift

Anzahl der Teile

Braun: Kopf, Armpaar und Fuß je 2 x
Rot: Mund und Anzug je 2 x
Weiß: Augenpaar und Zähne je 2 x
Schwarz: Nase, Sensenstiel je 2 x
Dunkelgrau: Sense 2 x
Gelb: Kornhalme je 2 x,
Korn (doppelt) 36 x, einzelne Körner für die Ähren 36 x
Grün: Wiese 1 x

Bastelanleitung

Schneiden Sie alle auf Tonkarton übertragenen Teile aus.
Zeichnen Sie die Augen und die gepunkteten Linien (s. Vorlagenbogen) mit dem Filzstift auf.
Arbeiten Sie zuerst die einzelnen Teile fertig, bevor Sie sie auf die Wiese kleben.
Befestigen Sie die Mundpartie mit den Zähnen, dann die Nase und die Augen auf dem Hamsterkopf.
Fixieren Sie den linken Arm und das Bein unter dem Anzug.
Kleben Sie die zusammengesetzte Sense, dann den Arm und den Kopf auf den Anzug.
Die Ähren werden folgendermaßen zusammengefügt: Setzen Sie die doppelten Ähren von *unten nach oben* übereinander. Die einzelnen Ähren (mittig) werden dann jedoch von *oben nach unten* aufgereiht.
Verbinden Sie die Ähren mit den Halmen.
Plazieren Sie die Ähren und dann den Hamster auf der Wiese.
Die Rückseite arbeiten Sie deckungsgleich.

Obsttag

> Die Maus macht heute mal Diät,
> im Speiseplan der Obsttag steht.

Material

Hellbrauner, hell- und dunkelgrauer, weißer, roter, hell- und dunkelgelber, grüner, blauer und schwarzer Tonkarton

Anzahl der Teile

Hellbraun: Korb und Korbrand je 2 x
Hellgrau: Kopf, Ohr- und Armpaar je 2 x
Dunkelgrau: Schwanz 2 x
Weiß: Augenpaar 2 x
Rot: Apfel (ganz) 4 x, Apfel (angebissen) und Teile des Apfelrestes je 2 x
Dunkelgelb: Birne 4 x
Hellgelb: Teil des Apfelrestes und des angebissenen Apfels je 2 x
Blau: Traube 2 x
Grün: Blatt (Weintraube) 2 x, Blatt 8 x
Schwarz: Stiel je Apfel 2 x, Stiel der Birne 1 x, Stiel der Traube 1 x

Bastelanleitung

Schneiden Sie alle auf Tonkarton übertragenen Teile aus.
Zeichnen Sie die schwarz markierten Stellen sowie die gepunkteten Linien (s. Vorlagenbogen) mit dem Filzstift auf.
Setzen Sie die Korbteile zusammen, und kleben Sie dann folgende Teile nacheinander darauf: den zusammengesetzten Apfelrest, die Pfoten, den Mäusekopf mit Augen, Ohren und untergeklebtem Schwanz, das Weintraubenblatt mit Rebe und Stiel, den zusammengesetzten angebissenen Apfel.

Das restliche Obst fixieren Sie nun nacheinander im Korb: zuerst den rechten Apfel (Blatt links – Stiel rechts), dann die beiden Birnen (rechte Birne: Blatt links – Stiel rechts; linke Birne – Blüte nach oben), linker Apfel (Blatt rechts – Stiel links).

Die Rückseite arbeiten Sie deckungsgleich. Kleben Sie dabei das Obst im Korb wieder von rechts nach links. Es sollte doppelt gearbeitet werden, da sonst die unteren Papierschichten durchscheinen.

Neueste Hutmode

> Na, da schaut Ihr wohl, Ihr zwei –
> dieser Hut, das ist der neuste Schrei!

Material

Hell- und mittelbrauner, weißer, roter, gelber, grüner und schwarzer Tonkarton
Bleistift, Schere, Klebstoff, schwarzer Filzstift

Anzahl der Teile

Hellbraun: Reh 2 x
Mittelbraun: Hut 2 x
Weiß: Auge, Schwanz, Pilzteile (Stiel und Bart) je 2 x, Punkte groß 14 x, Punkte klein 12 x
Rot: Mund (Pilze und Reh), Pilzkappen und Apfel je 2 x, Hagebutte 6 x
Gelb: Birne 4 x
Grün: Wiese 1 x, Blatt 10 x
Schwarz: Hagebutten-, Apfel- und Birnenstiel je 2 x

Bastelanleitung

Schneiden Sie alle auf Tonkarton übertragenen Teile aus; ergänzen Sie mit dem Filzstift die Zeichnungen.
Kleben Sie bei den Pilzen den Bart zwischen Kappe und Stiel.
Fixieren Sie den Mund auf dem Stiel und die Punkte auf der Kappe. Überstehender Tonkarton wird der Kappe angeglichen.
Befestigen Sie den Hut, den Mund, das Auge und den Schwanz auf dem Reh.
Ergänzen Sie die Früchte und das Obst.
Arbeiten Sie die Rückseite deckungsgleich.

Versteckspiel im Laub

(siehe Titelbild)

> Im Laub, da hab ich mein Versteck.
> Eins - zwei - drei - und ich bin weg.

Material

Hell- und dunkelbrauner, weißer, hellroter, hell-, mittel- und dunkelgrüner und beiger Tonkarton
Bleistift, Schere, Klebstoff, Lineal, schwarzer Filzstift

Anzahl der Teile

Hellbraun: Hasenkörper 1 x, Kopf 2 x
Weiß: Augenpaar 2 x
Dunkelbraun: Ohrinnenteil 4 x, Eichenblatt 6 x, Trapez (s. Zeichnung) 1 x
Beige: Eichenblatt 6 x, Eichel 6 x
Hellrot: Ahornblatt 6 x
Hellgrün: Buchenblatt 8 x, Eichenblatt 4 x
Dunkelgrün: Buchenblatt 8 x
Mittelgrün: Eichelkappe 6 x

Bastelanleitung

Schneiden Sie alle auf Tonkarton übertragenen Teile aus; ergänzen Sie die schwarzen Zeichnungen.
Kleben Sie ein Eichenblatt zwischen die Ohren, und befestigen Sie den Kopf auf dem Körper.
Fixieren Sie den Hasen hinter dem Trapez, und kleben Sie die Blätter darauf. Arbeiten Sie die Rückseite deckungsgleich.

Festtagsschmaus

Ein Schlabberlatz
zum Festtagsschmaus,
sonst sieht man wie
ein Dreckspatz aus.

Material

Grauer, roter, gelber, weißer, orangefarbener, brauner und grüner Tonkarton
Bleistift, Schere, Klebstoff,
schwarzer Filzstift

Anzahl der Teile

Grau: Vogel je 2 x
Rot: Latzteile je 2 x
Orange: Schnabel und Fußpaar je 2 x
Weiß: Auge und Augenpaar je 2 x
Gelb: Blume 2 x
Braun: Blüte 2 x
Grün: Wiese 1 x

Bastelanleitung

Schneiden Sie alle auf Tonkarton übertragenen Teile aus; ergänzen Sie die schwarzen Zeichnungen.
Die Fußpaare werden unter die Körper geklebt.
Befestigen Sie nacheinander folgende Teile auf jedem Vogel: die Augen, die Latzteile und den Schnabel.
Fixieren Sie auf dem grünen Untergrund den mittleren Vogel, die zusammengeklebte Sonnenblume, die beiden anderen Vögel.
Arbeiten Sie die Rückseite deckungsgleich.

Schwertransport

Im Herbst, da gibt es viel zu tun,
da hat man keine Zeit zu ruhn.

Material

Orangefarbener, roter, gelber, blauer und grüner Tonkarton
Bleistift, Schere, Klebstoff, schwarzer Filzstift

Anzahl der Teile

Orange: Schnecke 2 x
Rot: Nase, Fühlerpaar und Schneckenhausteile je 2 x
Gelb: Schneckenhausteile je 2 x
Blau: Schneckenhausteile je 2 x
Grün: Wiese 1 x

Bastelanleitung

Schneiden Sie alle auf Tonkarton übertragenen Teile aus; ergänzen Sie die schwarzen Zeichnungen.
Kleben Sie das Fühlerpaar und die Nase auf die Schnecke.
Fixieren Sie die Schneckenhausteile, und setzen Sie den fleißigen Gesellen dann auf die Wiese.
Arbeiten Sie die Rückseite deckungsgleich.

Von der bekannten Autorin Angelika Kipp
sind im Frech-Verlag zahlreiche andere Titel erschienen.
Hier eine Auswahl:

Angelika Kipp
Pinguine Fensterbilder aus Tonkarton
Eine lustige Gesellschaft im schwarzen Frack und weißer Weste! Schwimmstunde und große Wäsche sind angesagt, in heißer Disco schwingen sie das Tanzbein, das erste Rendezvous endet mit einer echten Pinguin-Hochzeit.
32 S., Farbf., Vorlagenbg.
TOPP 1683 ISBN 3-7724-1683-7

Angelika Kipp
Basteln mit den Allerkleinsten
Auch die Allerkleinsten haben viel Freude am Basteln, wenn die Großen etwas mithelfen. Aus Papier, Wasserfarben und Kleister entstehen Löwen, Schäfchen, Fensterbilder und manches mehr. Und TOPPi zeigt, wie man geschickt ans Werk geht.
32 S., Farbf., Vorlagenbg.
TOPP 1521 ISBN 3-7724-1521-0

Angelika Kipp
Hurra, es ist Winter! Fensterbilder aus Tonkarton
Die Schneemusikanten spielen auf, Familie Pinguin begibt sich auf Wanderschaft, und selbst der Teddy fährt in Skiurlaub! Wenn sich sogar der Schneemann am Ofen wärmt, kommt die Zeit für fröhliche Fensterbilder-Bastelstunden.
32 S., Farbf., Vorlagenbg.
TOPP 1572 ISBN 3-7724-1572-5

Stand 1993